"蓝钥匙"科普系列丛书

征帆远扬

向思源 ◇ 著

丛书主编　郭曰方
丛书副主编　阎　安　于向昀
丛书编委　马晓惠　深　蓝
　　　　　向思源　阎　安
　　　　　于向昀　张春晖

山西出版传媒集团
山西教育出版社

图书在版编目(CIP)数据

征帆远扬/向思源著. —太原:山西教育出版社,2015.9
("蓝钥匙"科普系列丛书/郭曰方主编)
ISBN 978 - 7 - 5440 - 7803 - 0

Ⅰ.①征… Ⅱ.①向… Ⅲ.①海洋－少儿读物 Ⅳ.①P7－49

中国版本图书馆 CIP 数据核字(2015)第 154559 号

征帆远扬
ZHENGFAN YUANYANG

责任编辑	彭琼梅	
复　审	杨　文	
终　审	潘　峰	
装帧设计	薛　菲	
内文排版	孙佳奇	孙　洁
印装监制	贾永胜	

出版发行　山西出版传媒集团·山西教育出版社
　　　　　(太原市水西门街馒头巷 7 号　电话:0351－4035711　邮编:030002)
印　　装　山西新华印业有限公司
开　　本　787×1092　1/16
印　　张　7
字　　数　157 千字
版　　次　2015 年 9 月第 1 版　2015 年 9 月山西第 1 次印刷
印　　数　1－3 000 册
书　　号　ISBN 978 - 7 - 5440 - 7803 - 0
定　　价　20.00 元

目录

人物介绍

姓名　蠹鱼

昵称：小鱼儿

性别：请自己想象

年龄：加上吃过的古书的年龄，已
　　　超过 3000 岁

性格：（自诩的）知书达理

爱好：吃书页，越古老越好

口头语：这个我知道！我会错吗？

姓名　阿龙

昵称：龙哥

性别：男

年龄：因患疑似痴呆症，忘记了

性格：迟钝、温和

爱好：旅游、欣赏自然、提问

口头语：可是这个问题还是没解
　　　　决啊。

广袤的海洋，惊涛骇浪，气象万千，激发着人们的冒险欲望。然而，平静的水面下岛礁密布、涡流潜藏，茫茫海面上没有可辨识的标志……这些都阻碍着人类征帆远航的脚步。

扬帆出海不仅需要智慧和勇气，还需要各种脱险的技术。

如今我们开车出行，会有导航仪或智能手机，随时为我们提供导航服务。古人驾船出海，没有导航仪怎么办呢？

答案很简单——用海图。

海图可以视作是一种无声"导航"，用来告知各种你需要注意的海洋状况。比如，海岸、海滩和海底地貌，海底基岩和沉积物，水中动植物，水文要素，灯标、水中管线、钻井或采油平台等地物，以及航道、界线等。

想要驾船出海航行，会看海图那是必须的。

4

1. 绘制海图就像抻面片

海图又称"航海图"，是精确测绘海洋水域和沿岸地物的专门地图。它的主要内容包括：岸形、岛屿、礁石、水深、航标、灯塔和无线电导航台等。有了海图，船只在航行时就不易搁浅了。因此，海图是航海必不可少的参考资料。

海图的类型很多，大致可分为航海总图、远洋航海图、近海航海图、海岸图、海湾图等。

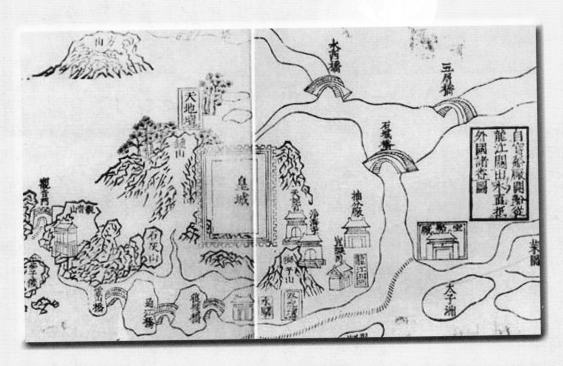

郑和用过的图

7

什么，你想知道不用海图，跟着感觉走到底行不行？

这样啊，那我就先举个例子来说明为啥"不行"吧。

1949 年之前，中国的海图测绘几乎是一片空白。由于没有精确海图来导航，新中国自行设计和建造的首艘万吨级远洋货轮"跃进号"，在首航途中不幸触礁沉没。这就是因为不重视海图而付出的沉重代价！

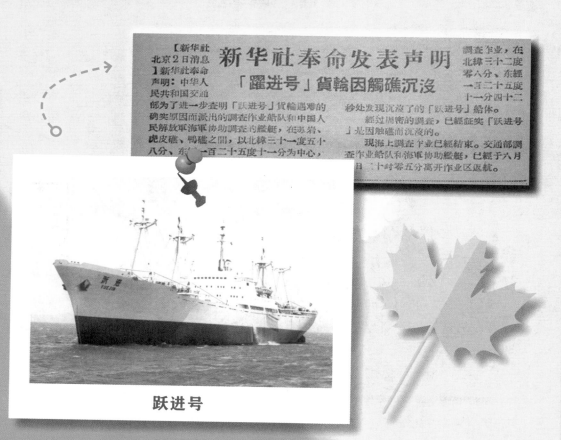

跃进号

什么，你又问："既然海图是地图的一种，是否表明制作海图与地图的方法差不多呢？"

当然差远了，否则就该统称为"地图"了。

就内容来看：

地图要标记的是水系、居民地、交通网、地貌、土壤植被和境界线六大要素；海图所要标记的就是本章开头说的那些内容。

就制作的难易度来说：

海图更胜一筹。地图所需标记的六大要素与海图中所需标记的内容一比，就有点小巫见大巫了。

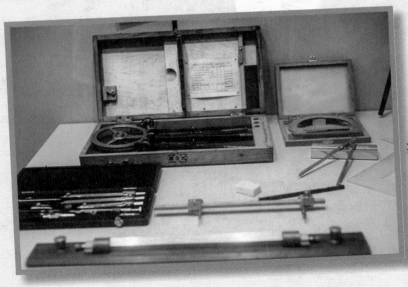

海图绘制工具

海图在表示方法上也有许多显著区别于陆图的地方：

多采用墨卡托投影；没有固定的比例尺系列；有自己特有的编号方法；符号设计原则和制图综合原则也略有不同；为保证航行安全，即使海图出版后也仍要不间断地进行修正等。

你是不是觉得"墨卡托投影"这几个字长得挺碍眼的？其实呀，一拆开来你就觉得顺眼了：墨卡托投影＝墨卡托＋投影。简单地说，墨卡托就是一位地图学家的名字，至于投影么，就是你所理解的那个意思了。

墨卡托画像

墨卡托是荷兰的一位地图学家。他曾因为宗教信仰问题而被捕入狱，出狱后就一门心思地投入绘制地图的事业中。墨卡托一生出版了许多地图，最重要的是他绘制出了第一张现代欧洲大陆和不列颠岛地图。

早期的航海家们被同一个难题所困扰，即地球是一个圆形的球体，子午线就像橘子瓣一样会合在南北两极。怎样才能将球面上的内容绘制到平面上，让航海者能用直线来表示航线呢？直到聪慧的墨卡托想出了好方法，才解决了这个难题。

11

你看过妈妈是怎么抻面片的吧，墨卡托就是这么对地球的。他先是把地球的表面切成若干份，将每一份展铺在平面上；再假设每一份都像面片那样有弹力，将窄的部分往两边抻拉，直到每一部分都变成了一个长方形。这些长方形拼合起来就形成了一幅完整的世界地图，而平行的纬线和平行的经线相互交错就形成了经纬网。于是航海者就可以用直线在地图上画出航线图来了。

以墨卡托投影法绘制的地图

直到今天，大多深海航行者仍会使用借助墨卡托投影画出来的航海图。这种航海图的特点是，距离两极最近的地方抻拉幅度最大，因而格陵兰岛会变得硕大无比，而发生大多数航海活动的南北回归线之间，抻拉幅度却是最小的。

12

虽然根据墨卡托投影画的航海图很盛行，但最早的航海图并不是它，而是波特兰型海图。这种海图上布满了放射状的方位线，航行者能借助这些方位线和罗经仪，确保前进的方向不出差错。

以墨卡托投影
绘制的古代
航海地图

波特兰
海图

13

2. 从地文航海到天文航海

　　远洋航海这件事儿光凭勇气是不够的，至少你要知道船往哪个方向去、去多远、去了之后还能不能回得来。早期的航海者会在出发前在陆地上找一个参照物，计算一下自己得航行多远，航行到终点后还能不能回到起点。这就是"**早期航海主要是解决陆标定位和航迹推算的问题**"的通俗含义。

　　欧洲人在 15 世纪以前，仅能在大白天、顺着风、靠着岸边小心地航行。由于船依靠的是陆地上的航标，所以必须沿着海岸行进。地标航海最大的缺点是走不远，无法保证人们到远海去探险。比如你要从亚洲到美洲，光靠着陆地航标肯定是不行了，因为这两块大陆根本就不连着。

美洲

亚洲

14

需要引发了变革。到 15 世纪，已经出现了**用北极星高度或太阳中天高度求纬度的方法。**不过当时还只能先南北向驶到目的地的纬度，再东西向驶抵目的地。这就是一种原始的天文航海。

16 世纪虽然已经有观测月距（月星之间角距）求经度法，但不够准确，计算起来也特别麻烦。直至 18 世纪**六分仪**和**天文钟**先后问世，前者用于观测天体高度，大大提高了准确性；后者可以在海上用时间法求经度。

天文钟

六分仪

15

1837 年，美国船长 T.H. 萨姆纳发现**天文船位线**，从此可以在海上同时测定船位的经度和纬度，奠定了近代天文定位的基础。1875 年，法国海军军官圣伊莱尔发明**截距法**，简化了天文定位线测定作业，至今仍在应用。

16 世纪，一名水手到岸上测量天体

水平角船位线

所谓"**天文航海**"，指的是在海上观测天体确定船位的技术。它的出现使远渡重洋成为现实。当天文航海发展成航海学的一个分支，航海学其余部分就被相对应地称为"**地文航海**"。

天文航海发展的同时，地文航海也在谋求发展。现代的地文航海不仅包括航线设计、航迹推算与陆标定位、航行方法这三个基本方面的理论与实践，还包括航海基础知识、航海图书使用、航海误差理论、舰艇运动性能和航海仪器修正量的测定方法，以及海洋气象、海洋水文等外界因素对舰艇航行的影响等。

此外，20 世纪 50 年代以后，随着无线电导航技术、惯性导航技术、水声导航技术和卫星导航技术的发展，**电子导航**又从地文航海中划分出来，成为航海学的另一分支。

1.司南让船不迷路

指南针的前身是中国古代四大发明之一的司南。司南的主要组成部分是一根装在轴上、可以自由转动的磁针。磁针在地磁场作用下能保持在磁子午线的切线方向上，磁针的北极则指向地理的北极。于是，利用磁针的这一性能就能辨别方向了。

司南

航海罗盘

20

中国古代航海业相当发达

我国在秦汉时期，就开始和朝鲜、日本有了海上往来。等到隋唐五代，这种交往已经相当频繁了，那时中国与阿拉伯各国之间的贸易关系也已经很密切了。到了宋代，这种海上交通更得到进一步的发展。中国庞大的商船船队经常往返于南太平洋和印度洋的航线上。海上交通的迅速发展和扩大，是和指南针在航海上的应用分不开的。

中国古代码头缩影

在指南针用于航海之前，海上航行只能依据日月星辰来定位。这种方法的缺陷在于一旦遇到坏天气，航海者就束手无策了。这可不是作者随便瞎说，而是一位外国友人写下来的。据说这位法号圆仁的日本和尚来中国求法，不幸在海上遇到了坏天气，所乘坐的海船迷失了航向。无奈之下只得沉石停船，等待天气放晴后再行辨认方向。

由此可见，依靠日月星辰作为定位的依据是多么不靠谱。指南针用于航海意味着，从此以后不管天气状况如何，都能较正确地辨认航向了。

中国古代罗盘

指南针应用于航海的最早记载见于北宋，不过当时的航海者只是在看不见日月星辰的日子里才用指南针。这是由于人们对靠日月星辰来定位已有1000多年的经验，而对指南针这一新生事物的使用还不很熟练。到了元代，指南针便一跃成为海上指航最重要的仪器了。

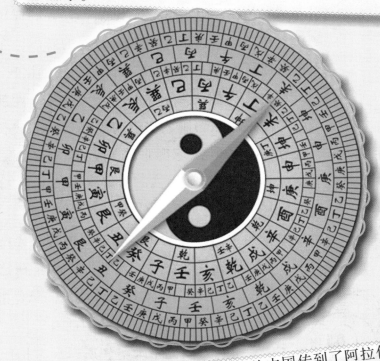

指南针也常被用作风水罗盘

　　大约在12世纪末13世纪初的时候，指南针从中国传到了阿拉伯，之后又从阿拉伯传入了欧洲，而后在欧洲演变为旱罗盘，再于明代时经由日本传回中国。指南针在航海上的应用，成就了后来哥伦布对美洲大陆的发现和麦哲伦的环球航行。

航海罗盘：指南针的前身

　　航海罗盘指南针也叫罗盘针，是中国古代发明的利用磁石指极性制成的指南仪器（司南）。早在战国时我们祖先就已经了解并利用磁石的指极性，制成了最早的指南针——司南。所谓司南就是指南的意思。东汉思想家王充在其所著《论衡》中已有关于司南的记载。

　　司南由一把"勺子"和一个"地盘"两部分组成。司南勺由整块磁石制成，磁南极那一头琢成长柄，圆圆的底部是它的重心，琢得非常光滑。地盘是个铜质的方盘，中央有个光滑的圆槽，四周刻着格线和表示24个方位的文字。

　　由于司南勺的底部和地盘的圆槽都很光滑，司南勺放进了地盘就能灵活地转动。在它静止下来的时候，磁石的指极性使长柄总是指向南方。这种仪器就是指南针的前身。由于当初使用司南必须配上地盘，所以后来指南针也叫罗盘针。

　　不过司南虽好却有一个致命的缺陷，那就是在制作过程中天然磁石因打击受热容易

失磁，因而导致它无法广泛流传。宋朝时，人们发现钢铁在磁石上磨过就会带有磁性，磁性也不容易消失。于是，人造磁铁就逐渐取代了天然磁石。后来人们在长期实践中，还研制出了指南鱼。

2. 牵着星星逛大海

星星在遥远的宇宙中，人类则站在地球上，要是人类真能牵上星星的手，那胳膊得有多长呀。当然啦，就算人类的胳膊足够长，星星也没有能牵的手呀。**因此牵星术并不是说真的牵着星星的手，而是古代测量星辰地平高度的一种方法。**

25

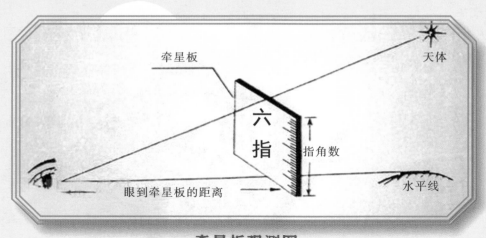

牵星板观测图

牵星术所用到的工具叫牵星板，一般用优质的乌木制成。一共12块正方形木板，最大的一块每边长约24厘米，以下每块递减2厘米，最小的一块每边长约2厘米。它的原理类似于现在的六分仪。通过牵星板测量星体高度，可以找到船舶在海上的位置。

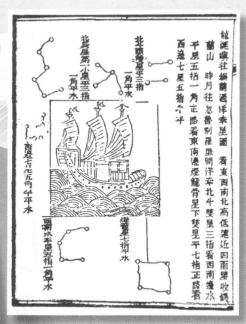

一般情况下，牵星术的主要观测对象是北极星和北斗七星。在偏南方的海域，由于它们不易被看到，人们就观测那些形状鲜明、易于辨认、排列比较紧凑的亮星或亮星群。

以北极星为例，观测时左手拿木板一端的中心，手臂伸直，眼看天空，木板的上边缘是北极星，下边缘是水平线，这样便能测出当时北极星距水平线的高度，并据此推算出船在什么位置。

七下西洋的郑和就是牵星板的粉丝，史料中曾说郑和的船队"**往返牵星为记**"。他还留下了一份过洋牵星图，收录在明代茅元仪编的《武备志》卷二百四十里，包括海路图 20 页和过洋牵星图 4 幅。

对了，得时刻记着根据星辰的高低来挑选合适的牵星板，可不能胡乱一把抓啊。 因为胡乱选择的结果极有可能是在海上迷了路，到时候就麻烦了。

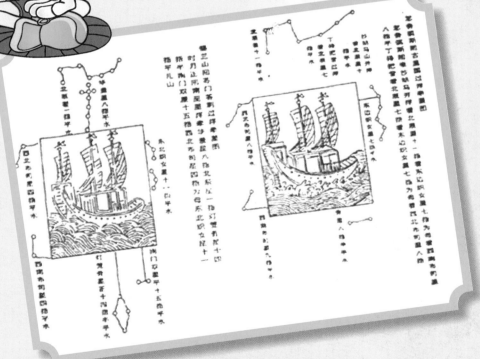

郑和船队使用的牵星术

27

牵星术是谁发明的？

过去人们都认为牵星板和牵星术是古代阿拉伯人发明的，不过一个航海天文调查研究小组的一项研究表明，牵星术中所使用的角度单位"指"非常特殊，它可以证明牵星术是中国最早发明的。

早在秦汉时代，中国的天文观测中已经有过这种记载。它所代表的角度量和郑和航海图上所反映出来的完全一致，都是一指等于1.9度。此外，唐代《开元占经》摘录的汉代著作《巫咸占》，里面就有记载有关金星与月亮纬度相差最远是五指，这个差数是9.4度。

由此可以推断出"指"并非从阿拉伯舶来的，而是中国土生土长的。继而再推断出牵星术也是纯粹的国货。

3. 越来越有范儿的计程仪

如果你曾有过乘车经过高速公路的经历，一定会发现沿途都能看见很多牌子，上面写着诸如"北京 前方 120 千米"等字样，它能提醒你距离前方目的地多少千米。这让人不禁联想，在测速仪还没"生"出来的古代，古人是如何计算出船只在茫茫大海中的航行距离的？

早在三国时代，特别擅长水战的东吴就发明了"流木法"来测算船的航速和航程。所谓"流木法"就是先在船头往水里丢块木头，再跟木头去赛跑。不过这种赛跑不是比谁更快，也不是比谁跑得更慢，而是"友谊赛"，必须同时从船头跑到船尾。只有这样，才能较准确地测算出航速和航程。

"流木法"不光在国内适用，在国外也同样适用。16 世纪初，荷兰的流木法是用计量流木通过一个船长的时间来核算航速和航程。之后，更方便的沙漏计程法面世了。

东吴时期的船只

呵呵，沙漏大家应该不陌生吧，那就不再介绍了。

沙漏计程法是用一个 14 秒或 28 秒的沙漏计计时，另有木板一块、连接绳索一根，在绳索上等距打结，两结之间称为一节。如用 14 秒沙漏计，两结之间距离为 23 英尺 7.5 英寸（约 7.2 米）。观测每 14 秒内放出的节数，即表示该船舶每小时航行的海里数（注：1 海里等于 1852 米）。也是因此，船舶的航速单位被称为"节"（1 节 =1 海里 / 小时）。沙漏计程法使用了较长时间，直到 19 世纪才被更先进的近代计程仪所替代。

沙　漏

沙漏计程法之后，梅西式和沃克式**拖曳计程仪**大行其道。20 世纪 30 年代出现萨尔式水压计程仪和契尔尼克夫式转轮计程仪。20 世纪 50 年代出现电磁计程仪。以上各种计程仪均系测量船舶相对于水的航速和航程，只有根据水的流速和流向加以修正，方能求得船舶相对于水底的航速和航程。

20 世纪 50 年代出现的**多普勒计程仪**和 70 年代制成的**声相关计程仪**，在一定水深内可以直接测量船舶相对于水底的航速和航程，使计程仪发展到一个新的水平。

4. 地球也是格子控？

　　要是你曾见过地球仪，就会知道为什么作者会说"地球也是格子控"了。当然啦，地球本身事实上是没有这些"格子"的，是人类为了更精确地标明各地在地球上的位置，给地球表面假设了一个坐标系。这就是经纬度线了。

　　那么，最初的经纬度线是怎么产生的？

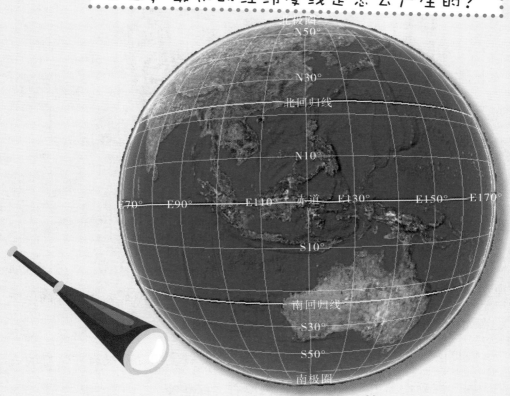

地球也是格子控

31

公元前 344 年，**亚历山大**渡海南侵，继而东征。随军地理学家尼尔库斯沿途搜集资料，准备绘一幅"世界地图"。他发现沿着亚历山大东征的路线，由西向东，无论季节变换还是日照长短都很相仿。**于是他拿起笔，在地球上画出了第一条纬线。**这条纬线从直布罗陀海峡起，沿着托鲁斯和喜马拉雅山脉一直到太平洋。

亚历山大

纬度测量相对来说比较容易，主要依靠北极星的高度来测定纬度，在北半球最为常用。以北极星高度测定古代航海的纬度，是测量方法中最精确、最方便的。此外，依靠太阳中天高度测定当地纬度法也是很容易的。

经度的测量一直困扰着古代航海家，在时钟发明之前没有非常好的方法。因为准确地测定经纬度，关键需要有"标准钟"。

制造准确的钟表在海上计时，显然比依靠天体计时更准确、更方便。18世纪机械工艺的进步，终于为解决这个难题创造了条件。

英国约克郡有位钟表匠哈里森，他用42年的时间，连续制造了5台计时器，一台比一台精确、完美，精确度也越来越高。第五台只有怀表那么大小，测定经度时引起的误差只有1/3英里（约536米）。

差不多同时，法国制钟匠皮埃尔·勒鲁瓦设计制造的一种海上计时器也投入了使用。至此，海上测定经度的问题，终于初步得到了解决。

约翰·哈里森

记住这些重要的海峡和半岛的近似经纬度

北半球

白令海峡（西经 169°、北极圈）

东南亚的马六甲海峡（东经 101°、赤道）

西亚（阿拉伯半岛）的霍尔木兹海峡（东经 56°、北回归线）

曼德海峡（东经 43°、北纬 13°）

土耳其海峡（东经 26°、北纬 40°）

直布罗陀海峡（西经 5°、北纬 36°）

南半球

非洲的莫桑比克海峡（东经 40°、南纬 20°）

南美洲的麦哲伦海峡（西经 71°、南纬 54°）

白令海峡

马来半岛最南端

重要的半岛

朝鲜半岛（东经 126°、北纬 38°）

中南半岛（东经 100°、北纬 15°）

马来半岛（东经 102°、北纬 5°）

印度半岛（东经 80°、北纬 20°）

阿拉伯半岛（东经 50°、北纬 20°）

西奈半岛（东经 35°、北纬 30°）

小亚细亚半岛（东经 30°、北纬 40°）

巴尔干半岛（东经 20°、北纬 40°）

亚平宁半岛（东经 15°、北纬 40°）

伊比利亚半岛（西经 5°、北纬 40°）

日德兰半岛（东经 5°、北纬 55°）

斯堪的纳维亚半岛（东经 10°、北纬 60°）

索马里半岛（东经 50°、北纬 10°）

约克角（东经 145°、南纬 15°）

阿拉斯加半岛（西经 165°、北纬 60°）

下加利福尼亚半岛（西经 110°、北回归线）

我们可不能像阿龙那么笨啊，想要出海航行，必须得先造一条船！

当然啦，要是你自认为体魄超人，又想创造吉尼斯纪录的话，游泳去美洲大陆也不失为一个好点子。这样就能省下造船的时间，直接出发喽。

不过作为体力普通、毅力普通、水性普通的普通人，我还是建议你老老实实地先去造一艘船，所谓"磨刀不误砍柴工"指的就是这样。

1. 独木舟：所有船的鼻祖

在遥远的古代，人们发现树叶和树干会漂浮在水里，又发现树干能负荷的重量比树干本身的重量大，而且树干越粗大，所能承受的重量也越大。好学的人们通过进一步观察又发现，圆柱形的树干会在水里翻滚，不利于人在上面活动，而一些被蛀空或被雷火烧去半边的树干则是更好的选择。于是聪明人就试着用工具对树干进行加工。

一开始，他们选择用石斧、石锛和石锤等工具，来削平或掏空粗大的树干，制造出更利于人类活动的"树干"。只是工具不太顺手，制造起来很费劲。在大自然的启迪下，人们发现被烧过的树干更易于加工，于是他们将需要保留的地方涂上厚厚的湿泥巴，再用火焚烧需要挖去的地方。当被焚烧的部位变成一层炭后，再用石制工具加工就容易多了。

这便是古人所说的"刳木为舟"了。需要指出的是，"刳木为舟"的说法虽然是中国古人说的，独木舟却不是中国所独有的，事实上，世界各处都有它的身影。

用这种工艺制造出来的就是最原始的独木舟——所有船的鼻祖。独木舟是人类历史上最古老的船，不加"之一"，是因为没有任何一种人类的制造物，能早于一根漂浮在水面的木头。

人类征服河流与海洋的灵感与希望，竟起源于一根顺水漂流的浮木，这是不是很神奇呢？

看到这里你是不是想问，最早的独木舟制造于什么年代呀？

那个谁，你可真会问问题。这个问题由于缺乏有力证据的支撑而难下定论，现在所能肯定的是，**最晚在新石器时代，人类就已经在建造和使用独木舟了。**

啥，你说不信忽悠，要拿出证据来！

呃~，这个证据么，还是往下看吧。

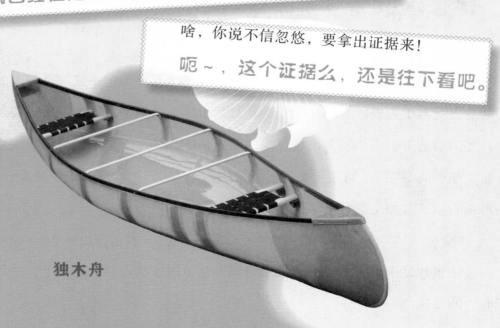

独木舟

"最古老"的独木舟

2002年11月22日，考古学家从浙江杭州的萧山跨湖桥遗址里发现了一条船身长5.6米，最宽处为53厘米，船体深20厘米的近乎完整的独木舟。经过考证，它的建造年代距今约在7600年到7700年之间。这也是迄今所发现的最古老的独木舟。

在船体的凹面内，考古学家发现了多条支撑横木的痕迹。很显然，这已经是相当成熟的设计了，在此之前肯定有更原始的独木舟存在。关于最早的独木舟是在什么时候建造的，仍没有明确的定论，只能说必定是在比距今7600多年更早的年代。

需要指出的是，能用来制作独木舟的并非只有木材一种。在一些缺乏加工工具或缺乏大树，但毛皮资源丰富的少数民族地区，人们还会用兽皮来制作独木舟。爱斯基摩人和鄂伦春人所使用的兽皮小艇，便是这种了。

印第安手工制作的独木舟

因纽特人使用的兽皮小艇

与用木料制造的小船相比，这种兽皮小艇非常轻便，人能扛着它穿越丛林和冰原。但它的缺点也同样明显，当皮革长时间浸泡在水中时会因为吸水而失去浮力，坚固度也会大大下降。因此，这种兽皮小艇只能用来应急，不能作为日常交通之用。

此外，北美的印第安人中曾流行以桦树皮作为原料制造独木舟；非洲和美洲的某些地区，人们还会用芦苇秆扎成小船哩，堪称是现实世界中的"一苇渡江"了。

2.中国帆船：曾站在世界的顶端

早在汉代帆船就已经出现在文献中了。据《南州异物志》描述，那时帆船有四张风帆，都是横向且稍倾斜地面对迎风面，从而保证了船只在逆风时仍能高速前行。在风帆的设计上则使用竹竿加强的硬性篷帐。据史料记载，当时最大的船长达 20 米、宽 10 米，可容纳 700 人左右或 260 吨以上的货物。

中国古代帆船

15 世纪至 17 世纪，经宋元两朝改良的帆船大量出现在中国近海。郑和下西洋时所率领的船队，就是由这种改良版的帆船组成的。

18 世纪以后，作为日常交通工具使用的中国帆船大多是平底船。舵的位置在尾部正中间，两端用木板封盖，船底为矩形的中空盒子，舱内有多道防水措施。这便是中国人的又一创举——防水隔舱了。

郑和宝船模型

说起中国古代有什么船，有些人便会眉飞色舞，什么楼船、车船、马船、宝船、水船……滔滔不绝。其实呀，根本用不着这么麻烦，因为只要 6 个字就能概括中国古代的船型了。

哈，你问哪六个字？

这六个字就是"沙船、福船、广船"。别被那些五花八门的称呼给绕晕了，其实万变不离其宗，只要你了解这三种船型，中国帆船就差不多能被拿下了。

A. 用途广泛的沙船

　　沙船是历史最为悠久的一种船型，早在唐宋时期就已成型，是中国北方海区航行的主要海船。它的外形特征是平底、方艄、方艉，具有"宽、大、扁、浅"的特点，纵向结构上采用扁龙骨，横向结构上使用水密隔舱。此外，船上还配有相当于锚的"太平篮"。当风浪大时就放下装满石块的竹篮，悬于水中的太平篮能减少船只的摇摆。

　　它尤其适合在水浅多沙滩的航道上航行，因而得名"沙船"。虽然沙船的适航性特别强，在江河湖海内皆可航行，却由于吃水过浅，不能作为远海航行船。

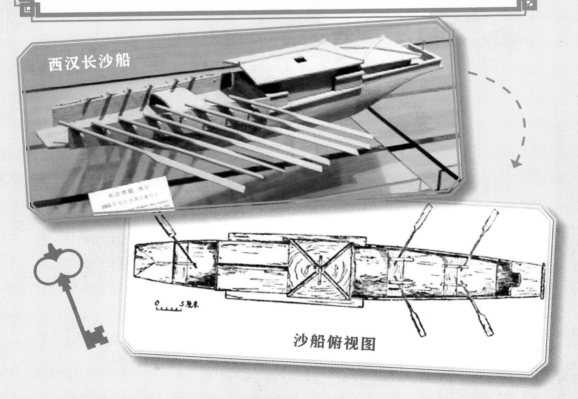

西汉长沙船

沙船俯视图

B. 漂洋过海的福船

福船也称"大福船"，是一种尖底海船，以行驶于南洋和远海著称。福船高大如楼，底尖上阔，首尾高昂，两侧有护板。全船分四层，底层装土石压舱，二层住兵士，三层是主要操作场所，最上层是作战场所。福船首部高昂，带有坚强的冲击装置，乘风下压能犁沉敌船，是深海优良战舰。

明代水师以福船作为主要的战船，郑和下西洋所乘坐的宝船，也是这种适于远洋航行的优秀船型。

明代福船

广船以多在广东沿海制造而得名。这种船头尖体长，上宽下窄，线型瘦尖底，梁拱小，甲板脊弧不高。船体的横向结构由紧密的肋骨跟隔舱板构成，纵向强度则依靠坚实的龙骨维持，有较好的适航性能和续航能力。

历史上最著名的广船为"耆英号"。1846年至1848年间，它从香港出发，经好望角及美国东岸到达英国，创下了中国帆船航海最远的纪录。

最著名的广船"耆英号"

3. 外国帆船：后发制人的远征者

　　外国帆船的历史同样源远流长，在古埃及文物上就已经出现了船的图样。不过当时埃及船主要是在尼罗河上航行。这种埃及木船继承了芦苇船的外形，没有真正的龙骨和内部骨架，船体结构就像一柄木制的勺子。

　　到古希腊时期则出现了**帆船**和**多桨船**。这时候希腊战船是一种狭长形船只，它的结构很轻巧，船员可以很轻松地将它拖上岸来。随之而来的问题是，战争中太过于轻巧的船很容易在对撞中损坏。于是公元前 3 世纪中叶，希腊战船开始出现了两个发展方向，即轻型战船和重型战船。此后，两种类型几乎一直没有变化。

复原的希腊桨帆船
"奥林匹亚号"

与希腊人不同，罗马人属于"比较懒"的。他们没有花工夫去改善轻型战船的操作性能，而是完全依赖于接舷大木板。他们开发出一种铰链式的**船舷梯**，船梯外端带有长尖钉。平时这个舷梯保持竖起，交战时就派上了大用场。当船只靠近敌船舷侧时，水手们会放下舷梯，长尖钉会刺穿敌船甲板。这样不仅能紧紧"抓牢"敌船，还能成为罗马人登船的桥板。虽然罗马人的骁勇善战也表现在海战中，却无法掩盖他们航行技术不过关的事实。

三角帆

49

13 世纪，西班牙和葡萄牙开始建造一种叫**柯克船**的轻帆多桅帆船。这种新型的帆船标准配置是三根桅杆，在前桅和主桅挂横帆，在后桅挂三角纵帆。有的额外还立了第四根桅杆，也挂三角帆；还有的则从船头向前伸出一根斜桅杆，上面挂一张小帆，并在主帆和前帆之上各加一张顶帆。这样做的好处在于能充分利用风力，不但有速度，也比较灵活，可以在各种风向条件下行驶。

15 世纪**柯克船的升级版**面世，**催生了轰轰烈烈的大航海时代。**迪亚士、哥伦布等人就是乘坐这种船，开启了欧洲航海史的新纪元。而随着海外殖民政策的推进，欧洲列强每年都从海外掠夺回大量的财宝。为了保护运输财宝的船队免受海盗及其他国家船只的袭扰，葡萄牙人发明了**盖伦船**。

15 世纪的柯克船

盖伦船

作为大型战舰的盖伦船，实质是在柯克船基础上发展起来的一种大型多桅帆船。它的火炮甲板上装载着主要的重型火炮，可通过舷侧的炮眼开火。由于原本存放货物的空间被武器装备侵占，盖伦船已经不适用于商船。与载重型的老式船不同，这种新型战船是速度型的。不过并非所有人都喜欢盖伦船，因为当时仍需要徒手攻克敌船，载重型船的船楼上小型火炮林立，更适于抵御登船的敌人。

从 1650 年起，大西洋进入一个海战频繁的时代，这就大大刺激了战船的发展。起初，最大的战船吃水量约为 1500 吨，但到了 1750 年，2000 吨的船只已经很普遍了。

在以蒸汽机为动力、螺旋桨为推进器的轮船出现以前，大型多桅帆船一直是欧洲商船和战船的主要船型。而之后帆船虽然不再是主流，却也不曾就此消亡。它作为著名的比赛项目，至今仍为众多粉丝追捧。

带有三角帆的船

师东方"长技"的欧洲帆船

你一定听说过"师夷之长技以制夷"这句话吧，它的意思是要学习洋人的先进技术来制约洋人，颇有点以彼之道还施彼身的意思。不过你知道吗，早在一千多年前欧洲水手就已经在师东方之长技了。

师东方"长技"之一：三角帆。

最初欧洲人都使用横帆，即横向安置的方形帆。大约在6世纪，受阿拉伯人"独桅三角帆船"的启发，地中海地区的水手开始尝试用更容易操纵的三角帆来代替横帆。等到公元9世纪时，这一地区几乎见不到横帆的身影。

别被什么"拉丁帆"或"大三角帆"之类的名字给忽悠了。不管它叫什么名字，从本质来说它就是三角帆，是阿拉伯人智慧的结晶，不干欧洲人什么事儿。

师东方"长技"之二：纵帆。

　　三角帆虽然比较容易操纵，但仍是横向安置的，只能利用顺风。在刮定向季节风的海域好使，在风向不定的海域就不太好使了。为了解决这个问题，欧洲人偷师了中国人发明的纵帆。这种纵帆能够利用分力、合力原理，使"船驶八面风"，唯有遇"当头风"时才不可行驶。

纵帆船

舵

师东方"长技"之三：舵。

　　有一个成语叫"见风使舵"，说的是根据风向来操纵舵。在中国人灵活地使用舵来控制航行方向时，欧洲人还在笨拙地用侧桨来控制方向呢。虽然侧桨比不上舵灵活，但所谓用着用着就用得习惯了，欧洲人并没觉得有啥不行。

　　侧桨的好时代终结在纵帆传入欧洲之后，由于纵帆的使用必须建立在能灵活调整船头方向的基础上，因此等待侧桨的自然就只有"下堂"一途了。

师东方"长技"之四：水密隔舱。

一艘船不光要"跑"得快，还要"跑"得安全。中国最迟在唐代就已经在船舶上设置水密隔舱，之后水密隔舱在海船上得到了普遍的应用。于是，为英国皇家海军造船的萨缪尔·边沁引进了水密隔舱的设计。使用水密隔舱不但大大增加了船体强度，更重要的是不至于一处破损就水漫全船，难以封堵。有了水密隔舱，欧洲船舶可以说已经达到帆船时代的最高水平。

水密隔舱

师东方"长技"之五：船型。

在鸦片战争之前，欧洲船的船型是模仿鱼设计的，中国船则模仿了水鸟。这意味着欧洲船的最宽处在中部靠前的位置，中国船的最宽处则在中部靠后。流体力学研究证明中国船的设计更科学，于是欧洲人也把最宽处挪到中部靠后的位置了。

中国古代造船技术中，能逃过欧洲人"剽窃"的大概只有橹了。中国早在西汉时就开始用橹了，与桨相比，橹的好处在于，

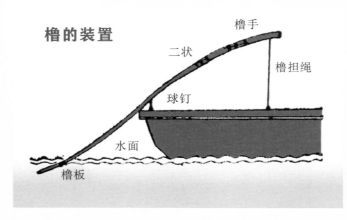

橹的装置

橹手

二状

橹担绳

球钉

水面

橹板

划桨必须把桨提出水面，而橹则是仿效鱼尾连续划水，效率比桨高多了，因而有"一橹三桨"的说法。欧洲人并不是不想学橹，而是当意识到橹的重要性时，不久就出现了推进效能更好的轮桨，所以橹自然就被效率更高的轮桨给替代了。

更有趣的是，轮桨其实还能追溯到唐朝，《旧唐书·李皋传》载："挟二轮蹈之，翔风鼓浪，疾若挂帆席。"这便是最原始的轮桨了。那时的中国人就知道用以足踩踏的轮桨来代替用手划动的桨了，这种中国式的轮船叫"车船"。

橹船

56

看到这里，或许你心中会有一个疑问：

为什么说来说去都在说帆船呢？

答案其实很简单，
一来篇幅有限；
二来么，咱这书都叫《征帆远扬》了，没帆咋行呢？！

你 一定听说过大名鼎鼎的丝绸之路吧，华美的丝绸、风尘仆仆的商旅、大漠驼铃、美丽的楼兰姑娘……是不是构成了一幅很美的图画，让你也很想成为其中一员呢？

不过你听说过历史同样悠久的海上丝绸之路吗？

啥～，你说作者在忽悠你？

嗨，是不是忽悠咱下面见真章！

1. 历史悠久的海上丝绸之路

其实"丝绸之路"是当时对中国与西方所有来往通道的统称，并不是只有一条路。除了大家耳熟能详的那条陆上丝绸之路外，还有一条从海路到西方的路线，这便是我们所说的"海上丝绸之路"了。

海上丝绸之路发源地徐闻古港

海上丝绸之路是已知最为古老的海上航线，也是古代海道交通大动脉。它说白了就是中国东南沿海山地多平原少，与内陆往来不易，不得不往海上发展的结果。

海上丝绸之路主要有东海起航线和南海起航线，形成于秦汉时期，发展于三国隋朝时期，繁荣于唐宋时期，转变于明清时期，1842年鸦片战争后走到了尽头。

泉州市舶司图

海上丝绸之路的主港随朝代的不同而不同：汉代时起航港为徐闻古港；3世纪30年代后，新兴的广州港取代了徐闻、合浦成为主港；宋末至元代期间，泉州超越了广州，与埃及的亚历山大港并称为"世界第一大港"。之后由于明初实行海禁政策，再加上战乱的影响，泉州港逐渐走向衰落，被漳州月港所取代。

海上丝绸之路是对陆上丝绸之路的补充与延伸，它们合起来才是完整的丝绸之路。意大利旅行家马可·波罗从陆上丝绸之路来到中国，再从海上丝绸之路返回西方。在他的游记里记录了南洋和印度洋海上的许多"香料之岛"。作者可以很负责任地说，发现了新大陆的哥伦布就是被《马可·波罗游记》招来的！

对了，说起海上丝绸之路，就不能不提一位伟大的航海家、外交家，那就是七下西洋的三保太监郑和。研究学者普遍认为，郑和下西洋使这条海上丝绸之路得到了更为彻底的贯通，也是海上丝绸之路存在的重要依据之一。

马可·波罗

七下西洋的郑和

郑和是回族人，出生于 1371 年，原名马三宝，也写作"三保"。"靖难之变"中，他为当时仍为燕王的朱棣立下赫赫战功。朱棣登基后赐其"郑"姓，并改名为"和"，任内官监太监，官至四品，地位仅次于司礼监。

之后，他在朱棣的安排下，将工作重心转向航海事业。这期间，郑和研究和分析航海图，通晓牵星过洋航海术，熟通各式东西洋针路簿、天文地理、海洋科学、船舶驾驶与修理的知识技能，为七下西洋做了充分准备。

在 1405 年到 1433 年期间，郑和先后率领庞大船队七下西洋，经东南亚、印度洋、亚洲、非洲等地区，最远到达红海和非洲东海岸，航海足迹遍及亚、非等 30 多个国家和地区。这七次航行的规模之大、人数之多、组织之严密、航海技术之先进、航程之长，不仅显示出了当时明朝的强大，也充分证明了郑和个人的统帅才能。

郑和塑像

对了，你可别被"丝绸"这两个字给迷惑了，以为海上丝绸之路就只运送丝绸。其实这条贸易线运送的东西可多了，还因此有了多个别称呢。

隋唐时，它运送的主要货物是丝绸，因此被形象地称为"海上丝绸之路"；宋元时，它运送的主要货物变成了瓷器，因此它也被叫作"海上陶瓷之路"；随着阿拉伯半岛及东南亚香料的输入，它又被称作"海上香料之路"。

千万别被它多变的名头给迷惑了，因为航线还是那条航线，只是称呼不同而已。不过下面我们要说的海上香料之路，跟上面说的又有所不同，因为那实际是欧洲人的海上寻香之路。

2. 欧洲人的海上香料之路

在中世纪的欧洲，由于没有足够的食物去喂养，一到冬季，大部分的牲畜都会被宰杀，吃不了的肉就用大盐腌制起来。那时候，西红柿、土豆等还没传入欧洲，漫长冬季里即便高贵的贵族也只能靠吃咸肉维生。香料就扮演了那个能让乏味的食物不再乏味的"神奇魔术师"。

香料主要是指胡椒、丁香、肉豆蔻、肉桂等气味芳香，能让人产生愉快情绪的热带植物。它作为当时最贵重的商品之一，其价值几乎与黄金相当。对于中世纪的贵族来说，香料在餐桌上的丰富程度关系到颜面问题。那时几乎每道菜里都会加上香料，就连那些不曾被腌制过的食物也不例外。香料的用途也从主食延伸到了甜点、酒类等，变成生活中不可或缺的一部分。

你恐怕不会把香料和天堂联系在一起吧？**在中世纪之前的欧洲，人们却相信香料是来自天堂的奇珍。**

《圣经》上记载有示巴女王将香料带到耶路撒冷的事，比哥伦布扬帆出海的时间还要早几千年。一直以来，欧洲人都认为天堂里弥漫着香料的气味，就连诸神本身也带着香料气。围绕着香料的栽种、收割乃至于运送的过程，有很多天方夜谭般的传闻。这些在现代人看来荒诞不经的传闻，构成了前哥伦布时代欧洲人心中的黄金国。

示巴女王会见所罗门国王

到哥伦布的时代，人们才认识到香料并非什么来自于天堂的植物，而是来自于遥远且神秘的东方。1453年，奥斯曼土耳其人攻陷了君士坦丁堡，欧洲人再也无法通过波斯湾前往印度及中国了。为了得到让他们神魂颠倒的东方香料，必须找到一条通往香料群岛的新贸易路线。

航海家哥伦布

香料

欧洲人的寻香之旅之所以能成行，与地图学、航海术和造船术的进步是不可分割的。当时柯克帆船与卡拉维尔帆船已经相继出现，这些兼具传统阿拉伯船只与传统欧洲船只优点的帆船，使得西欧人的远洋探险成为可能。

当时的航海家，不管哥伦布、达·伽马还是麦哲伦都是香料的搜寻者。这点可以从哥伦布的航海日志里得到印证："毫无疑问，这片土地上有着大量的金子……以及钻石、珠宝和无尽的香料。"

不过哥伦布的寻香之旅并不如人意，不但与后来被称为香料岛的格林纳达失之交臂，就连被他视若珍宝带回来的"香料"，也只是一些西贝货。唯一还算靠谱的是一种被他称为"印度胡椒"的红辣椒。遗憾的是，这种"印度胡椒"极易栽种和收获，很快就变成了大路货，并没能为哥伦布和他的投资人带来巨大财富。

印度胡椒

在这股寻香热潮中，葡萄牙的航海家找到了盛产香料的马来群岛，并通过武力垄断了那里的香料市场。而荷兰的东印度帝国则控制了香料群岛（即"摩鹿加群岛"），香料贸易体系在这时达到了鼎盛。之后被发现的西印度群岛则成了战争的导火索，为了争夺该群岛的控制权，这些欧洲的海上列强之间爆发了长达百年的混战。

最后法国和英国设法获得了香料的种子，并在殖民地引种成功。香料原本孤立封闭的生长环境被强行打破了，大批的香料随着欧洲人的大帆船去异乡安家落户。有关香料的最后奥秘被破解之后，笼罩在它身上的神秘光环也随之消失了。曾经珍贵稀有的香料变成了一种随处可见的寻常商品，属于香料的辉煌时代结束了。

香料 = 货币?

无论是在欧洲还是在中国，香料都有过被当成货币使用的记录。

欧洲各地区之间缺少一种标准的通货，硬币还总是不够用。由于香料具有一种普遍被接受的优越性，就担当起了通货的作用。还在查理大帝时期，热那亚的一所教堂就曾收取一磅胡椒作为租金。此后把胡椒作为租金的习俗一直保持到 19 世纪末。当然啦，越到后来胡椒越不值钱，作为租金只是一种象征性意义罢了。

而在中国，郑和下西洋时从东南亚等地带回的大量胡椒、苏木等香料，被明朝皇帝用折赏和折俸的方式赏给了手下。郑和下西洋是在 1405 年到 1433 年，之后朝廷就恢复了洪武帝时的海禁政策。但即便这样，船队所带回的香料仍用到了 1471 年，可见数量之大。

香料

大航海时代，又被称作"地理大发现"，指在 15 世纪到 17 世纪世界各地，尤其是欧洲发起的广泛跨洋活动与地理学上的重大突破。这些远洋活动促进了地球上各大洲之间的沟通，并随之形成了众多新的贸易路线。人们不仅在这个时代发现了新的大陆，增长了大量的地理知识，也极大地促进了欧洲的海外贸易。

"Go"，让我们一起去看看当时的欧洲航海家究竟有哪些发现吧。

1. 葡萄牙: 发现欧印新航线

迪亚士寻找非洲大陆的最南端

在西欧，率先发起大规模航海探险活动的国家是葡萄牙。长久以来，西非与地中海国家的贸易路线必须跨越撒哈拉沙漠，而北非的路线则被伊斯兰国家所控制。伊斯兰国家与葡萄牙是宿敌，为了不受敌人的掣肘，葡萄牙人一直都想要绕过伊斯兰地区，通过海路与西非直接贸易。

最初葡萄牙的船只能航行到非洲西北岸，1487年迪亚士受到国王若昂二世的委托，率领他的船队前去寻找非洲大陆的最南端。船队从里斯本出发，沿着西非海岸一路南下。正当大家庆幸一路上还算顺利时，却在南纬29°时遭遇了恐怖的暴风。正是这场差点把整支船队掀翻的大灾难，促成了迪亚士发现位于非洲西南端的"风暴角"。

"风暴角"的发现意味着进入印度洋的航线被找到了，遗憾的是迪亚士当时并没踏上这条航线。真正开辟了这条新航线的是他的后来者瓦斯科·达·伽马。

　　1498年，达·伽马绕过了风暴角，终于到达了印度西南部的卡利卡特。至此，通往印度的新航线正式确立了。当达·伽马满载着黄金与丝绸的船队回到了葡萄牙，欣喜的若昂二世将"风暴角"改名为"好望角"，以后好望角成了进入

达·伽马归国

印度洋的海岸指路标。

　　别以为风暴角"变成"充满希望的"好望角"就真的转性了，事实上，那片海域是世界上最危险的航海地段之一。这里几乎终年风大浪大，还常常有浪高接近20米的"杀人浪"出现，被它"杀死"的船只不计其数，就连被尊称为"好望角之父"的迪亚士也不能幸免。1500年，这位发现好望角的航海家在第二次经过好望角时遇难。

新航线的发现打破了之前由阿拉伯人控制印度洋航路的局面，使葡萄牙成为海上强国，垄断了欧洲对东亚、南亚的贸易。在1869年苏伊士运河通航前，欧洲对印度洋沿岸各国和中国的贸易，主要通过这条航路。这条航路的通航也是葡萄牙和欧洲其他国家在亚洲从事殖民活动的开端。

小贴士

瓦斯科·达·伽马（约1469—1524），生于葡萄牙锡尼什，卒于印度科钦。这位葡萄牙航海家是从欧洲绕好望角到印度航海路线的开拓者。

航海家　达·伽马

亨利王子：没出过海的航海家

亨利王子是葡萄牙国王若昂一世的第三子，因为设立航海学校、奖励航海事业而被称为"航海者"。在他的支持下，葡萄牙船队在非洲西海岸至几内亚一带，掠取黑人、黄金、象牙，并先后占领马德拉群岛等。

亨利王子实际上并没有出海远航过，只是在1415年随王国船队出征过摩洛哥的休达。他随船队到达休达后，刻苦研究了大量历史文献，积累了宝贵的航海资料。他确信，地球上尚有许多未知的大陆等待人们去发现。他认定，葡萄牙历史上一个新的时代即将开始。

从15世纪30年代起，亨利王子精心挑选了葡萄牙第一流的探险家和英勇无畏的水手，向当时人类的航海极限发起挑战。这些忠心耿耿的船长和船员，遵照他周密的计划和部署，先后发现了几内亚、塞内加尔、佛得角和塞拉利昂。1448年，葡萄牙在阿奎姆岛上建立了据点，这是欧洲人在西非海岸建立的第一个殖民据点。要是你去过澳门游玩的话，也许曾在南湾走过一条叫"殷皇子大马路"的路。你知道吗，这是为了纪念亨利王子而命名的。（注：亨利王子又被译作"殷理基皇子"）

2.哥伦布："发现"了美洲

哥伦布一定至少具备两种优点：口才极好以及内心强大。他曾先后向葡萄牙、西班牙、英国、法国等国国王请求资助，以实现他向西航行到达东方国家的计划，无奈支撑哥伦布航海计划的基础是地圆说。这种新兴的学说缺乏可靠的事实论证，他的航海计划自然也被不想浪费钱的国王们拒绝了。1492年，西班牙王后慧眼识英雄，说服了国王，哥伦布的航海计划这才得以实施。

哥伦布接受伊莎贝拉一世资助，寻找印度和中国

1492 年 8 月 3 日，哥伦布受西班牙国王派遣，带着给印度君主和中国皇帝的国书，从西班牙巴罗斯港扬帆启程，朝正西航行。他的船队由三艘帆船组成，分别是旗舰"圣玛利亚号"以及"平塔号""尼尼雅号"，船员共有 90 多人。

经过 70 昼夜的艰苦航行，在 1492 年 10 月 12 日凌晨终于发现了陆地。哥伦布以为自己到了印度，兴奋地把这里命名为"圣萨尔瓦多"，并称当地土著居民为"印度人"。但实际这里是中美洲加勒比海中的巴哈马群岛。

"圣玛利亚号"帆船

为了寻找心目中的日本，哥伦布指挥船队继续沿古巴海岸向东前进。当他们来到海地岛时，哥伦布认为这就是航程的终点日本。他将其命名为"伊斯帕尼奥拉岛"，意为"西班牙岛"。

　　1493 年 3 月 15 日，志得意满的哥伦布率船队回到西班牙。之后他又三次重复他的向西航行，登上了美洲的许多海岸。但是直到 1506 年逝世，他都认为自己到达的是印度。

哥伦布发现新大陆时

所乘的船

　　哥伦布第二次航海时的航线比第一次偏南大约 10 纬度，这条航线以后成了从欧洲去西印度最常走的航线，加上返回时走的是与亚速尔群岛等纬度航线，往返于新旧大陆之间的最佳航线被哥伦布找到了。至此，他完成了伊莎贝拉一世的期待，即找到一条向西航行穿越印度洋的路线，以替代在《阿尔卡苏瓦什条约》中规定由葡萄牙人保有的南非航线。

　　在第三次航海中，哥伦布与他的船队从帕里亚湾首次登上美洲大陆。遗憾的是，心心念念着印度和中国的他，并没意识到这是一块新大陆。

哥伦布发现美洲

啊？你问哥伦布为何老惦记着印度、中国和日本？这里面的原因么，听一个当时在欧洲广泛流传的小故事你就明白了。故事是这么说的："那个岛（日本）的领主有一个巨大的宫殿，是用纯金盖的顶。宫殿所有的地面和许多大厅的地板都是用黄金铺设的。金板有如石板，厚达两指。窗子也用黄金装成。"

现在你明白哥伦布念念不忘日本的原因了吧？其实说穿了就是两个字"贪欲"！

差一点就叫"哥伦布"的亚美利加

哥伦布发现"印度"的多年之后，意大利探险家亚美利哥·韦斯普奇也来到了美洲。敏锐的他意识到这可能不是印度，而是一个新大陆。他不仅对南美洲东北部沿岸进行了详细考察，还编制了最新的地图。

1507年，他的《海上旅行故事集》问世后引起了全世界的轰动，颠覆了普多列米所制定的地球结构体系。为了纪念他，新大陆以他的名字"亚美利哥"命名，之后又依照各大洲的名称构成形式，改为"亚美利加"。

呵呵，要是当年哥伦布意识到他发现的"印度"其实是一块新大陆的话，也许亚美利加就不叫做"亚美利加"，而是被叫成"哥伦布"了。

虽然哥伦布发现了美洲，却没能解决"地球是不是圆的"这个问题，交出满意答卷的是葡萄牙航海家费迪南德·麦哲伦。

3. 麦哲伦船队："发现"地球是圆的

1519年9月20日，麦哲伦率领由5条船和270名水手组成的船队出发了。在这次航行中，船队找到了通往传说中"南海"的海峡。这条海峡后来被称为"麦哲伦海峡"，风平浪静且浩瀚无际的"南海"则被麦哲伦命名为"太平洋"。之后船队继续往西航行，来到了今日的菲律宾群岛。麦哲伦不幸死在了与当地土著的冲突中，并没能真正完成这次环球航行。他死后，船员们在埃尔卡诺的带领下完成了历时三年的环球航行。这时整个船队就只剩下1艘船和18个船员。

麦哲伦

麦哲伦船队的环球航行，用实践证明了地圆说，即不管是从西往东还是从东往西，都能在环绕地球一周后回到原地。麦哲伦也因此被奉为第一个环球航行的人。他的船队依次经过了大西洋、太平洋和印度洋，这证明地球表面大部分地区不是陆地，而是海洋，世界各地的海洋不是相互隔离的，而是一个统一的完整水域。

麦哲伦环球探险航线示意图

4. 各国：接力发现"掘金航线"

蓝色线条为穿越西伯利亚
沿海到亚洲的东北航道

意大利旅行家马可·波罗在《马可·波罗游记》中用 "黄金铺路" "绫罗绸缎比比皆是"等词汇来向人们描绘神秘的东方古国，从此东方便成了无数西方人憧憬的地方。找出一条穿越北极海域直抵中国的 "东北航道"，是欧洲各国延续好几个世纪的共同追求。

英格兰的马丁·弗罗贝舍、挪威的巴伦支、俄罗斯的白令、英国的富兰克林等，前赴后继地向北极海域发起了冲击，但直到1878年，才由芬兰的科学家阿道夫·伊雷克率船队打通了 "东北航道"，完成了西方人对东北航道的梦想。

英俄新航路的开辟使**俄罗斯**成为了直接的受益者，从此俄罗斯人在北亚、北冰洋取得的珍贵毛皮、海象牙、动物油等可以直接到达西欧，再不用被北欧、中东欧和土耳其的中介盘剥。而从西欧国家输入的最先进武器，也为俄国向东探索和扩张奠定了基础。

不过在破冰船发明以前，东北航道只是听起来很美而已，因为它的季节性很强。直到 20 世纪 60 年代后期，破冰船在雷达和声呐协助下，才使得东北航道能在夏季保持通航。现代随着全球变暖、两极冰川融化，东北航道的潜力大增，未来值得预期。

你问冻死人的东北航道为啥让人念念不忘？ 原因能从这些数字中体现出来。从欧洲到太平洋一般有三条主要航线，分别经苏伊士运河、巴拿马运河和非洲好望角到达太平洋，航程最短为 19931 千米，最长则为 26186 千米，而从东北航道到达太平洋只有 12456 千米。

北冰洋

啥，你说这些数字把你绕晕了？

呃～～，更简单地说，假设你从日本出发去欧洲，经苏伊士运河约需 35 天，经巴拿马运河约需 40 天，经好望角约需 46 天，取道东北航道的话则只需 22 天。这下你知道东北航道的好处了吧？当然了，临行前一定得穿好羽绒衣，否则就惨了。

整个北极地区是一片被浮冰覆盖的海洋——北冰洋（约占总面积的 60%），其周围是亚洲、欧洲和北美洲北部的永久冻土区。总面积为 2100 万平方千米，约占地球总面积的 1/25。北极圈以内的陆地面积约为 800 万平方千米，分属俄罗斯、美国、加拿大、丹麦、挪威、冰岛、瑞典和芬兰八个环北极国家。主要海域有格陵兰海、挪威海、巴伦支海和白海。

相关链接

航海禁忌

（1）日期的禁忌

在基督教盛行的国家，新船不宜在 13 日、星期五下水，远洋船不宜在 13 日、星期五起航。邀请外宾或外轮船员上船参加便宴时，不要安排在 13 日、星期五，在宴会桌数和每桌人数以及菜的道数上，切忌"13"这个数字。

不要在船上说"淹死""沉没""翻船"等不吉利的词。在粤语地区，因"空"与"凶"同音，一般不讲空航、空箱，而叫吉航、吉船、吉柜；在西方，船上不能说猫、狗、兔子、猪、老鼠、鸡蛋、盐、小刀等词。

（3）行为的禁忌

为了航行安全，乘客不得在船上吹喇叭、在船头挥动丝巾或晚上拿手电筒乱晃，以免被其他船误认为是打旗语或者发送声号、灯光信号。

（4）吃饭禁忌

如在轮船上赴宴，不可把整条鱼翻过来吃，因为有人担心会招致"翻船"；如在日本船上还得记住不要将筷子搁在盘子或碟子上，因为这是船员忌讳的"搁浅"。

（5）船舶命名的禁忌

给新船命名，最后一个字母通常不可用"a"；不能给旧船重新命名，最好沿用旧名。

（6）借东西的禁忌

不能将船上的设备借给另一条船。非借不可的话，也必须先将那设备"杀死"，即在上面轻轻地划道刀痕或敲个小坑。

航海对人类社会产生了重要作用和深远的影响，农作物的广泛传播及由此引起的农业发展和膳食嗜好、烹饪革命便是其中的一个方面。玉米、咖啡、土豆、番茄……都是漂洋过海来到我们身旁的。

换而言之，没有航海就没有玉米啃、没有咖啡喝、没有意大利面吃、没有烟抽……现在你知道问题有多严重了？当然啦，为了身体健康的需要，请自动屏蔽"抽烟"那一项。

1. 玉米：人口大爆炸的罪魁祸首

玉米是禾本科玉米属的一年生植物，原产地在美洲。早在7000年前美洲的印第安人就已经开始种植玉米。1492年，哥伦布在美洲新大陆第一次"发现"了玉米，并在之后将它带回了西班牙。

由于玉米是哥伦布从美洲带回来的，欧洲人起初称呼它为"印第安种子"。后来人们发现玉米棒尖顶所露出的棕色玉米须，很像土耳其人的胡须，所以16世纪以后欧洲人更习惯于称它为"土耳其麦"。

玉米是一种很随便的粮食作物，尤其是由于玉米适合旱地种植，对于环境的要求不高，在北纬58°到南纬40°的广阔范围内都能种植，于是它很快就向世界各地传播了。

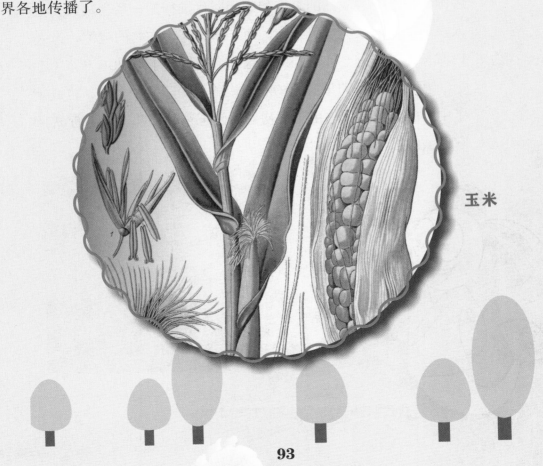

玉米

玉米 + 番薯 = 康乾盛世

清朝"康乾盛世"时期，中国出现了一次"人口爆炸"，即从顺治初年人口凋敝到乾隆后期超过 2 亿，最后在 19 世纪中叶达到 4 亿。这一增长速度和规模是前所未有的。而造成这次"人口爆炸"的一个重要原因，就是玉米和番薯等粮食作物的引进和大量栽培。

玉米、番薯在清朝初年得以推广种植。由于它们对土壤的适应能力很强，能生长在水稻无法生长的山区和坡地，很快在中国传播开来。战乱的结束和康熙时代推行的一系列政策，为人口的高速增长奠定了基础，而玉米等高产作物的栽植，为人口增长提供了重要条件，使得这一增长持续了近 200 年。

可以说，是印第安人的农业成就改变了整个世界，也成就了中国的康乾盛世。由于最初的时候玉米是外邦进献的贡品，它也被称为"御麦""番麦"。

你加入到劝诫父亲戒烟的队伍里了吗?

是不是在为爸爸的抽烟恶习闹心呢,是不是伙同你妈妈劝诫了好多次,都没有成功。作者教你一个办法,扎一个小人,上面写着……什么什么,你说你不愿意扎小人诅咒自己的爸爸?

"NO,NO,NO",作者怎么会这么残忍呢?作者让你扎小人,不是用来诅咒自己爸爸的,而是让你诅咒真正的**罪魁祸首哥伦布**,因为烟草也是他从美洲带回来的!

2.烟草:打开的潘多拉魔盒

你知道什么叫**尼古丁**吗?你家老爸是不是常常……啥,你说你家老爸在你的劝说下已经戒烟啦?真棒!

话说老天爷要是把你早生几百年该多好。要是生在哥伦布的时代,你劝劝哥伦布老哥别把烟草从美洲带出来就更好了,那该解救多少烟民呀……

话说哥伦布的船队来到圣萨尔瓦多岛,在岛上目睹了惊奇的一幕:岛上的"**印度人**"点燃了烟叶,把一根管子伸入烟叶燃烧时所造成的烟雾中,嘴巴则凑在管子的另一端,这些烟雾被他们从嘴里吸进去,又从鼻子里喷出来。

这些被哥伦布误以为是印度人的土著人相当慷慨，将一些烟叶送给了哥伦布及随行人员。1492年10月13日，哥伦布在他的航海日志中记录了这件事。这也是目前所发现的，关于美洲大陆以外的人士吸食烟草的最早记录。

当哥伦布的船队回航的时候，"印度人"所馈赠的烟草也被他们带回了欧洲。1558年，烟草种子被运航的水手带回了葡萄牙，继而又传遍了欧洲，并向全世界蔓延。

烟草

一开始烟草只是作为一种观赏植物被种在花园里，人们欣赏它那碧油油的大叶子以及美丽的花朵。后来，欧洲人也学会了"印度人"的吸烟方式，由于烟草具有一种醉人的香气，并被认为有消除疲劳、驱虫止痛等作用，于是吸烟很快就变成了一种时尚，在欧洲普及开来。与此相对应的，人们对于烟草的需求也大大地增加了。

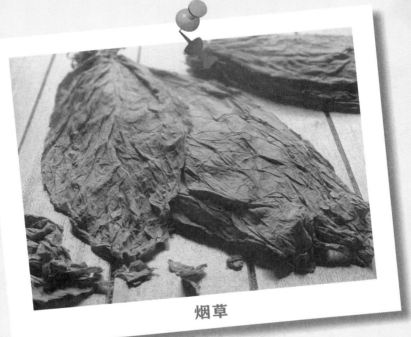
烟草

当然啦，我们现在已经知道烟草中含有一种叫尼古丁的生物碱，它虽然能够刺激人类神经兴奋，让人感觉精神振奋，但却有神经毒性，长期使用还会产生依赖性。研究发现40支卷烟或一支雪茄烟中的尼古丁注入人的静脉就足以致人死亡。除了可怕的尼古丁外，烟草中还含有不少致癌物质哩。

由此可见，烟草不但不是什么能治百病的神草，还是要人命的毒草呢。要是你老爸还在念叨什么"饭后一支烟，快活胜神仙"，一定要将上面的话给他看！

烟草是茄科的一年生草本植物，目前已发现的烟草属大约有60多种，而真正能用于制造卷烟和烟丝的主要是红花烟草，以及少量的黄花烟草。后者由于所制成的烟气味辛辣，故需求量很少。

相关链接

"烟草"只是一个美丽的错误

烟草的英语名字叫"Tobacco"，一般译作"达巴科"或"淡巴菰"。关于这个名称的来源有两种说法：一种是原产地演变说，即从烟草的原产地多巴哥岛（Tobago）演变而来；另一种是，当地土著把烟叶称为"科依互"，烟具称为"达巴科"，哥伦布的探险队不幸把烟具和烟叶两者搞混了，于是"科依互"就变成了"达巴科"，并一直被延续下来。

多巴哥岛

3.咖啡：传播靠偷的

据说咖啡被发现后不久，就传到了阿拉伯半岛。那时阿拉伯人只把咖啡当作水果嚼着吃，或者把咖啡果放在水里煮水喝。16世纪初土耳其人入主阿拉伯地区后，开始改进传统的咖啡加工工艺，将在原有工艺中会被废弃的咖啡豆收集起来，晒干、焙炒、磨碎，最后再用水煮成汁来喝。为了让口感更好，他们还会往煮好的咖啡里面加入糖。

咖啡豆

伴随着土耳其人征服的脚步，咖啡馆也跟着落地开花。16世纪30年代，大马士革出现了世界上第一家商业性咖啡馆，1554年，土耳其当时的首都伊斯坦布尔也出现了咖啡馆……

当欧洲旅行者和商人在土耳其咖啡馆接触到这种由"黑色种子煮成的黑色糖蜜"热饮后，纷纷爱上了这种神奇的饮料。无奈当时土耳其人认为奇货可居，严禁生豆和咖啡苗、咖啡枝条出口，彻底垄断了咖啡的生产和销售。

窥到商机的各国商人既垂涎于咖啡所带来的巨额利润，又惧怕奥斯曼土耳其帝国的强大军事力量，在说不通、打不过的情况下，咖啡的传播就只有靠偷了。

孔乙己曾经说过"窃书非偷也"，你想知道有哪些国家做过偷咖啡的雅贼吗？

咖啡树

1616 年，**荷兰人**从也门摩卡港偷运出一株咖啡树苗，驾船走葡萄牙人开辟的新航路经阿拉伯海、印度洋、大西洋、英吉利海峡绕道回国。

17 世纪 30 年代，伊斯兰教徒巴巴·布丹借去圣城麦加朝圣之机，把 7 粒生咖啡豆贴在肚皮上偷偷带了回来，从此咖啡在**南亚**生根发芽。

1714 年，荷兰把一株咖啡树作为厚礼，送给了当时的**法王**路易十四。

1723 年，一名法国军官偷取了加丁植物园的一株咖啡苗，带往加勒比海的法属殖民地马提尼克岛。1777 年，马提尼克岛已有 1800 万棵咖啡树，咖啡由此传遍了整个**加勒比**地区。

1727 年，法属圭亚那总督夫人爱上了葡属巴西的一位官员，偷偷把咖啡种子藏在送给他的鲜花里。以此为契机，咖啡传入了**巴西**。如今，巴西已是世界上最大的咖啡生产国。

牧羊人发现了咖啡

"咖啡"(coffee)一词源自埃塞俄比亚的一个名叫咖法（Kaffa）的小镇，在希腊语中"Kaweh"的意思是"力量与热情"。

相传在埃塞俄比亚，有一位名叫卡尔迪的牧羊人，一天他惊奇地发现，羊群在吃了一种红色浆果后变得异常兴奋活跃，于是他便将这些果实采摘下来，分给修道院的僧侣们吃。僧侣们吃完后都觉得神清气爽，便爱上了这种能帮助他们在祷告时保持精神饱满的神奇浆果。

咖啡豆

4. 番茄："剧毒"的爱情果

你爱吃番茄吗？

外表靓丽的番茄让许多人心怀好感，它营养丰富、口味酸甜，深受老百姓的喜爱。你能想象美味的意大利料理不放番茄是什么滋味吗？没法想象吧，不过，确实有那么一段时间，**红得让人心里发毛的番茄让欧洲人只敢看不敢吃。**

别笑啊，这可不是什么笑话，而是真实的过往。

无土栽培的番茄

据考证，现代番茄的祖先是樱桃番茄，它的原产地是南美洲的秘鲁。它外表靓丽却有着让人毛骨悚然的名字"狼桃"，当地人认为狼桃有毒谁也不敢去吃它。之后番茄从秘鲁传到了墨西哥，原因不详。继哥伦布之后，大批西班牙人涌入新大陆，番茄作为一种战利品被带回了欧洲。由于"狼桃"的坏名声也随之传了过去，很长时间里番茄都只是一种观赏植物，没人敢冒着生命危险去吃它。据说它作为摆设的时间长达 200 多年，直到 18 世纪才被认可它的食用价值。

番茄是在 1550 年前后由西班牙人带到意大利的，当意大利人发现了它的美味后，番茄就成了他们日常生活中必不可少的食品原料。

下面让我们再来回顾一下番茄的传播途径吧。

"狼桃"从秘鲁→墨西哥→西班牙、葡萄牙→意大利、英国和中欧各国→菲律宾→其他亚洲国家。

看见了吧，这就是让全世界人民都吃上番茄的传播之路。

哦哦哦，你还想知道"狼桃"是怎么变成"番茄"的？番茄是在明朝时传入中国的，那时中国人自以为是全世界的中心，习惯把中国以外的地方称为"番"。西方便是"西番"，于是，这种来自西方的靓丽多汁的果实就成了"番茄"。

番茄的生长过程

象征爱情的"爱情果"

1590 年，番茄传入了英国。关于番茄是怎么传入英国的，还有一段浪漫的爱情故事呢。俄罗达拉里公爵在南美洲游历时，被番茄艳丽的颜色所吸引。公爵把番茄带回了英国，作为稀世珍品献给了情人伊丽莎白女王。从此，番茄就有了"爱情果""情人果"的美名。

当时人们喜欢把番茄种在自家花园里，作为爱情的象征送给自己的心上人。

伊丽莎白女王

5. 航海病：致命的坏血病

别以为航海带来的都是好东西，否则就会落得像小鱼儿和阿龙那样的下场。所谓"**剑有双锋，铜钱有两面**"，任何东西都不可能只有正面没有负面的，航海也不例外。

15世纪，随着磁罗经、观象仪等航海仪器的使用，人类开始远航。由于船上没有冷藏设备，在漫长的旅途中船员只能靠硬饼干和腌咸肉充饥，也是因此使得坏血病大肆泛滥，成为当时海上的头号杀手。

坏血病首发淫威在1498年，当时达·伽马正率领船队开辟欧亚新航线，途中160名船员中竟有近100人患坏血病死去。从此，坏血病的死亡阴影就一直笼罩在航海者头上。17世纪，在英国海军舰艇上，每年有超过5000人死于坏血病。18世纪英国海军少将安逊的远征失败，原因就是有4/5的舰员丧命于坏血病。

在坏血病肆虐的很长时间里，医生们都对它束手无策，既找不到原因也没有治疗的好办法。无意中治好了坏血病的是英国著名的航海家詹姆斯·库克，他在横渡太平洋的航行中携带了大量的麦芽、泡菜和由柠檬、柑橘做成的糖浆，创造了坏血病零记录的神话。

詹姆斯·库克

此外，当时很多航海者都曾向当地土著学习防治坏血病的办法。1536 年，卡提耶尔探险队在圣劳伦斯河越冬时就曾向当地土著人学习用冬青树的树叶煎汤喝治疗坏血病。

柑橘

柠檬

　　不过那时航海家们虽然多次发现柑橘、柠檬等新鲜水果对坏血病有积极的治疗作用，只是他们不敢断言致命的坏血病只因为没有能吃到水果和蔬菜这么简单。直到 1932 年，科学家从柠檬中分离出了维生素 C，并将其命名为"抗坏血酸"，才算彻底解开了这个谜团。从此，航海者再也不用淡坏血病而色变了。

　　别以为坏血病就是航海途中唯一的死神了，事实上，航海事业使世界连成了一个整体，引起了人口大流动，诸如梅毒、疟疾、天花等也随之传播和流行。所幸在疾病蔓延的同时，各种有效的天然药物和医学知识也随之传入世界各地。

郑和：坏血病的克星

郑和率领船队七次下西洋，在中国和世界航海史上写下了光辉的篇章。让人惊讶的是，在西方航海者为坏血病焦头烂额的时候，郑和的船队却从来没有闹过坏血病。秘密就在于，船员经常喝茶、吃豆芽，甚至还用木桶在船上种菜。这些食物都富含维生素 C，从而使船员免遭坏血病的威胁。而美国科学家直到 1945 年才发现了这种不用泥土制作豆芽的方法。

豆芽

茶叶